爱奇艺官方授权

BIANCHENG SIWEI XUNLIAN ②

编程思维训练 ②

编程猫　编绘

写给小朋友们的话

——李天驰 （编程猫创始人兼 CEO）

亲爱的小朋友们：

在 20 多年前，当我还是一个“小朋友”时，因为想动手修改一个游戏，我第一次接触了编程。但当时学习资源匮乏，甚至没有多少人知道“编程”这个词。2015 年，我在欧洲学习人机交互与设计，发现当地的孩子们早早就开始了编程学习。

也许你们已经注意到，身边越来越多的电子设备被赋予了越来越多的功能，这些都是靠编程实现的。到 2022 年，我国很多城市将把编程纳入中学的必修课程。作为人与机器之间的交流工具，编程将成为最常用的沟通语言。

不过不用着急，学习编程，可以从掌握它的思维模式开始。

编程的思维模式可以概括为四大类型：分解问题、模式认知、抽象思维和算法设计。乍一看，你们可能不明白它们都是什么。我们从编程思维中抽取了四种基本的思维模式——顺序执行、模式识别、条件判断和逻辑推理。在这套书里，你们将从最直观的“顺序执行”入门，感受分步骤、按顺序解决问题的思路。然后学习“模式识别”，找到不同事物的相似之处，进而归纳总结出解决问题的规律。继而是涉及变量更多的“条件判断”，掌握计算机基本的运行逻辑。最后是考核综合能力的“逻辑推理”，它是软件工程师必备的思维方式。

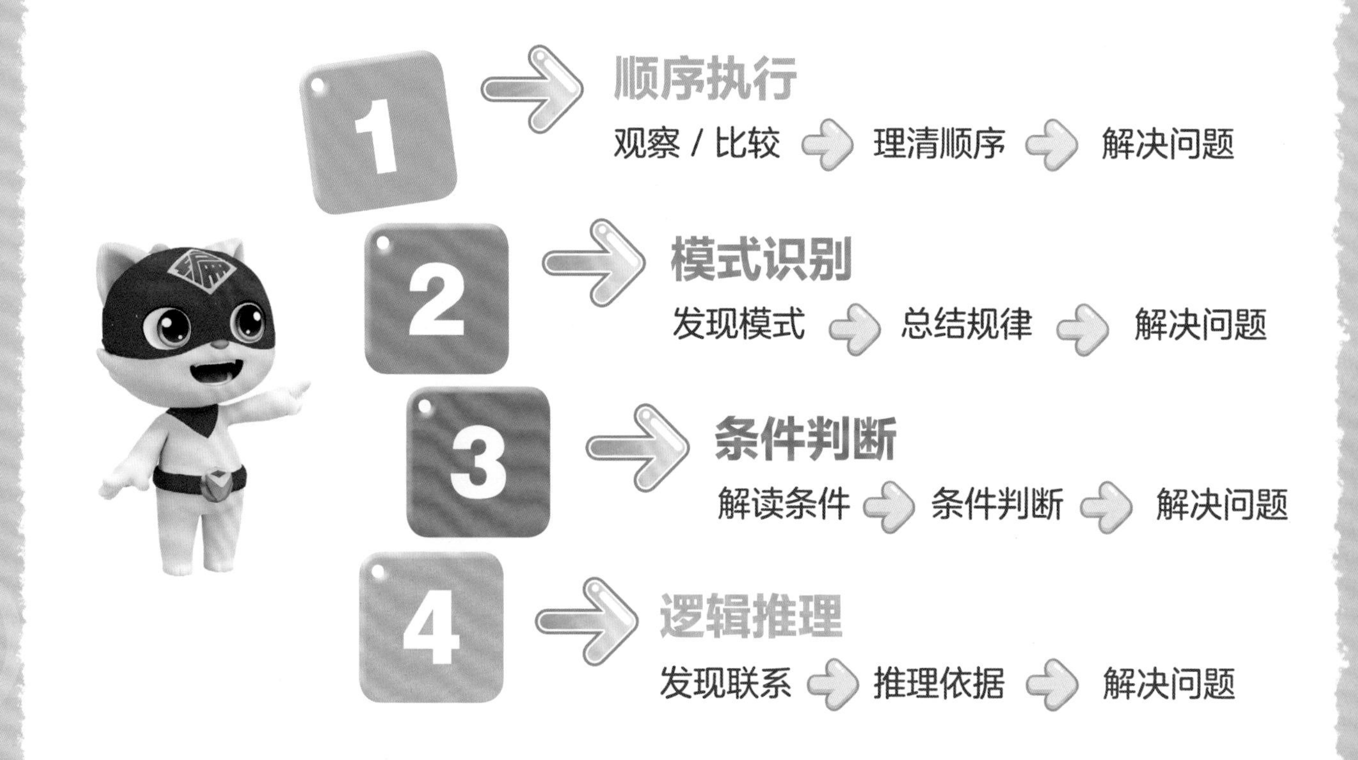

《编程思维训练②》有 11 道有趣的不插电练习题，希望你们试着用“条件判断”和“逻辑推理”的思维做题，在快乐的玩耍中取得进步。最后在“小火箭编程”板块，拿起编程工具，创作出属于你们自己的游戏程序吧！

编程之旅即将开启，你们准备好了吗？

目录

条件判断

用“条件判断”的方法解决问题，需要先解读已知条件，然后分析条件对应的结果，最终根据要求做出正确的判断。下表说明了如何运用“条件判断”的方法完成本书中的练习。

练习题	解读条件	条件判断	解决问题	思维训练
天气预报	不同的天气情况	衣着与天气是否匹配	挑选合适的衣着	分析、判断
最好的心意	对物品的好恶	人物心情变化	赠送合适的礼物	分析、判断
地铁出行	地铁线路图	地铁途经站点	找出最短路线	观察、比较、判断
扑克牌列队	相邻扑克牌的数字大小	是否交换位置	从小到大排列扑克牌	观察、比较、判断
轮船远航	轮船的特征	能否通过桥洞	选出航行最远的船	观察、分析、判断
购买优惠门票	身高决定票价	能否购买半价门票	正确地购买门票	观察、判断

编程思维训练②贴纸

第 3 页

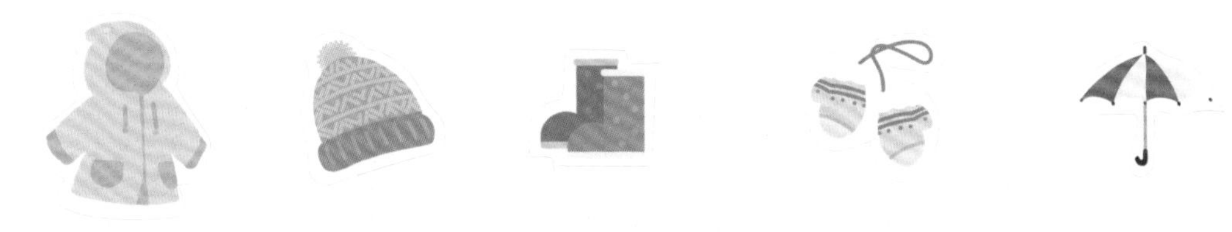

第 5 页

第 10 — 11 页

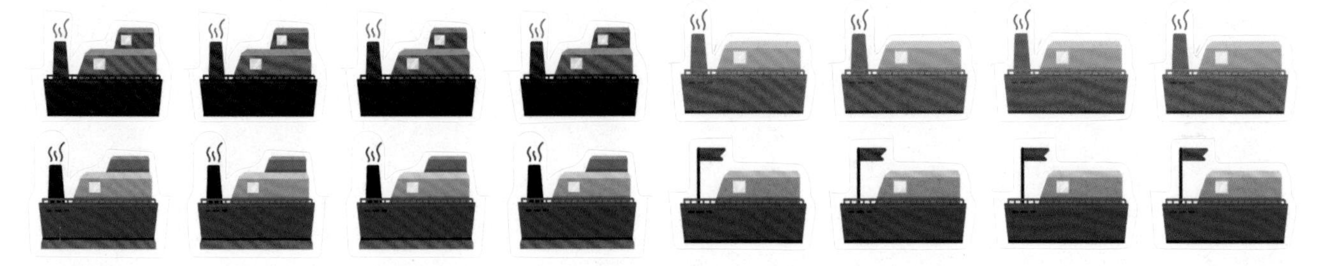

第 12 页

第 16 — 17 页

小朋友，根据天气调整衣着，不仅可以使你感到舒适，还可以预防感冒。下面列出了不同天气状况下适宜的穿衣搭配，一起来看一下吧！

如果  ，就需要    等衣物。

如果  ，就需要   等衣物。

请你根据明天的天气状况，选择合适的衣物并将贴纸贴在右边的方框中。

2 最好的心意

编程猫给嘟当曼和噜噜送礼物。如果他们收到喜欢的东西，代表心情的 ❤ 就会增加；如果收到讨厌的东西，代表心情的 ❤ 就会减少；如果收到既不喜欢也不讨厌的东西，代表心情的 ❤ 不变。请你帮助编程猫从第 5 页的三份礼物中，选出嘟当曼和噜噜最喜欢的（❤ 数量最多的）送给他们吧！

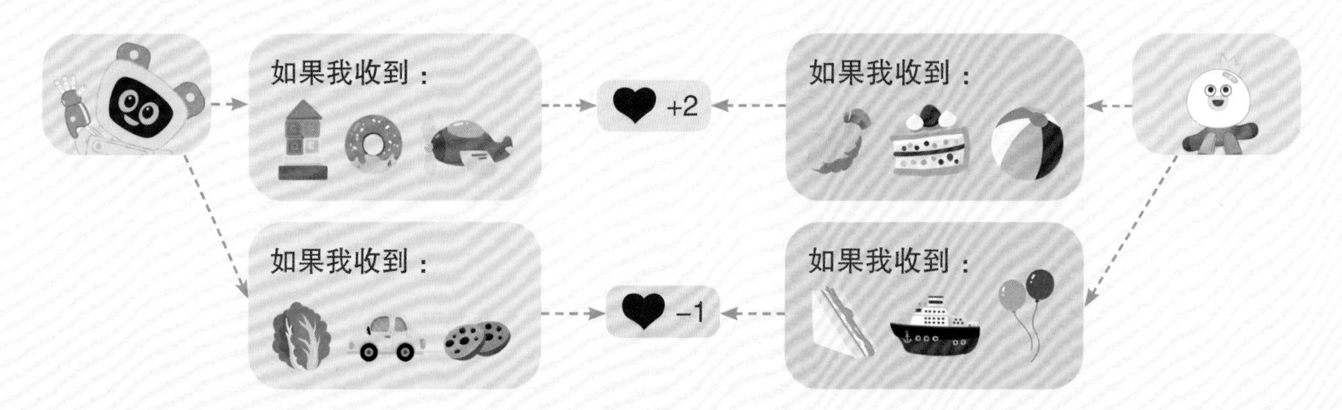

共读建议

1. 让孩子看图说一说嘟当曼和噜噜分别喜欢什么、不喜欢什么。
2. 向孩子提问：如果嘟当曼和噜噜收到礼物 1，2，3 时，他们的红心数量分别是多少？
3. 让孩子在第 5 页的方框里贴上对应数量的心形贴纸，然后选出送给嘟当曼和噜噜的礼物。

1

如果送给 :

如果送给 :

2

如果送给 :

如果送给 :

3

如果送给 :

如果送给 :

3 地铁出行

嘟当曼和小伙伴们从幼儿园出发去图书馆，他们应该乘坐地铁几号线？大家选好借阅的图书后，要从图书馆出发去滑冰场，应该乘坐地铁几号线呢？选出途经站点最少的路线。小朋友，你还能找出其他路线吗？

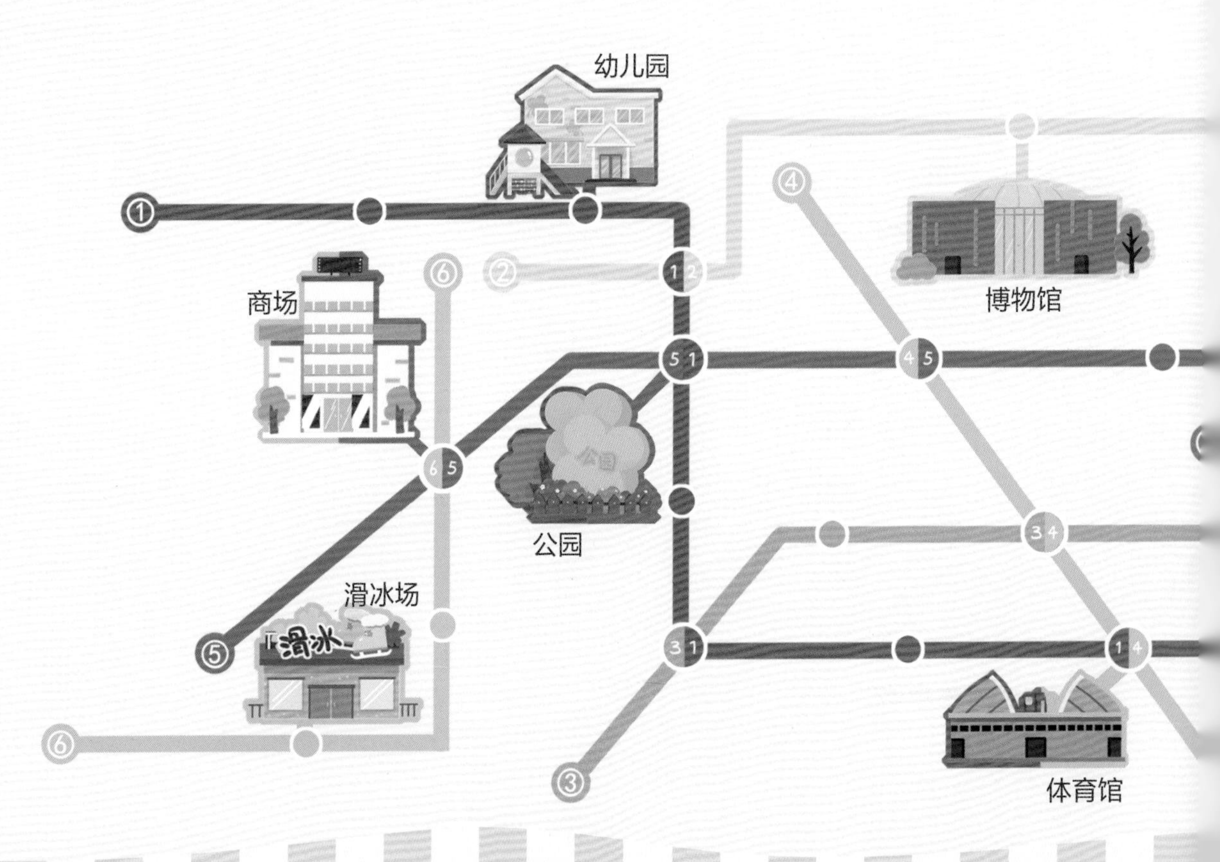

共读建议

1. 带领孩子认识地铁线路图，不同颜色代表不同线路，交汇处可换乘。
2. 和孩子一起从起点开始，逐个数经过的地铁站；如果遇到换乘站，让孩子选择乘坐几号线。
3. 和孩子讨论有没有其他的路线，有几种，哪条路线途经站点最少。

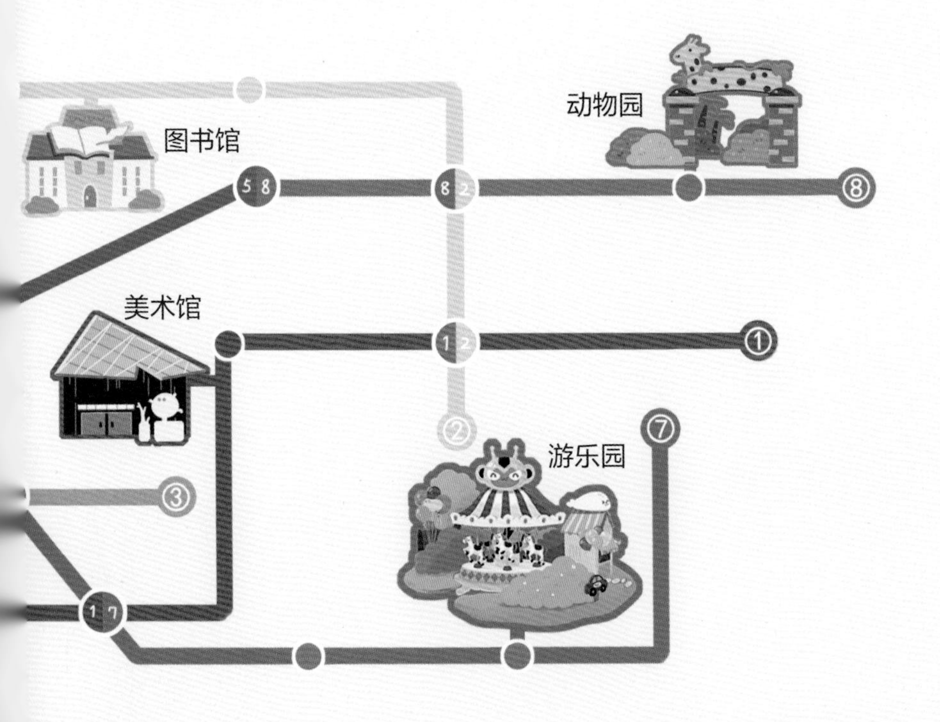

4 扑克牌列队

从扑克牌中找出 4 张数字不同的牌，打乱顺序（数字大小）后摆放成一行。如果每次只能交换相邻两张扑克牌的位置，怎样才能将它们按照从小到大的顺序排列呢？

根据编程的习惯，我们按照从右到左的顺序两两比较扑克牌的大小。首先将第四张牌和第三张牌进行比较，如果第四张牌比第三张牌小，就交换两张扑克牌的位置；否则就不交换。完成第一次比较之后，检查一下 4 张扑克牌是否按照从小到大的顺序排列，如果不是，则进行第二次比较，即比较第三张牌和第二张牌，依此类推。

共读建议

1. 和孩子一起选出 4 张扑克牌，尽量不按从小到大的顺序排列。
2. 家长按照游戏规则，为孩子示范一到两次。
3. 让孩子自己尝试为扑克牌排序，必要时可再次为孩子讲解游戏规则。
4. 如果想增加难度，可以将扑克牌增加到 8 张或者更多。

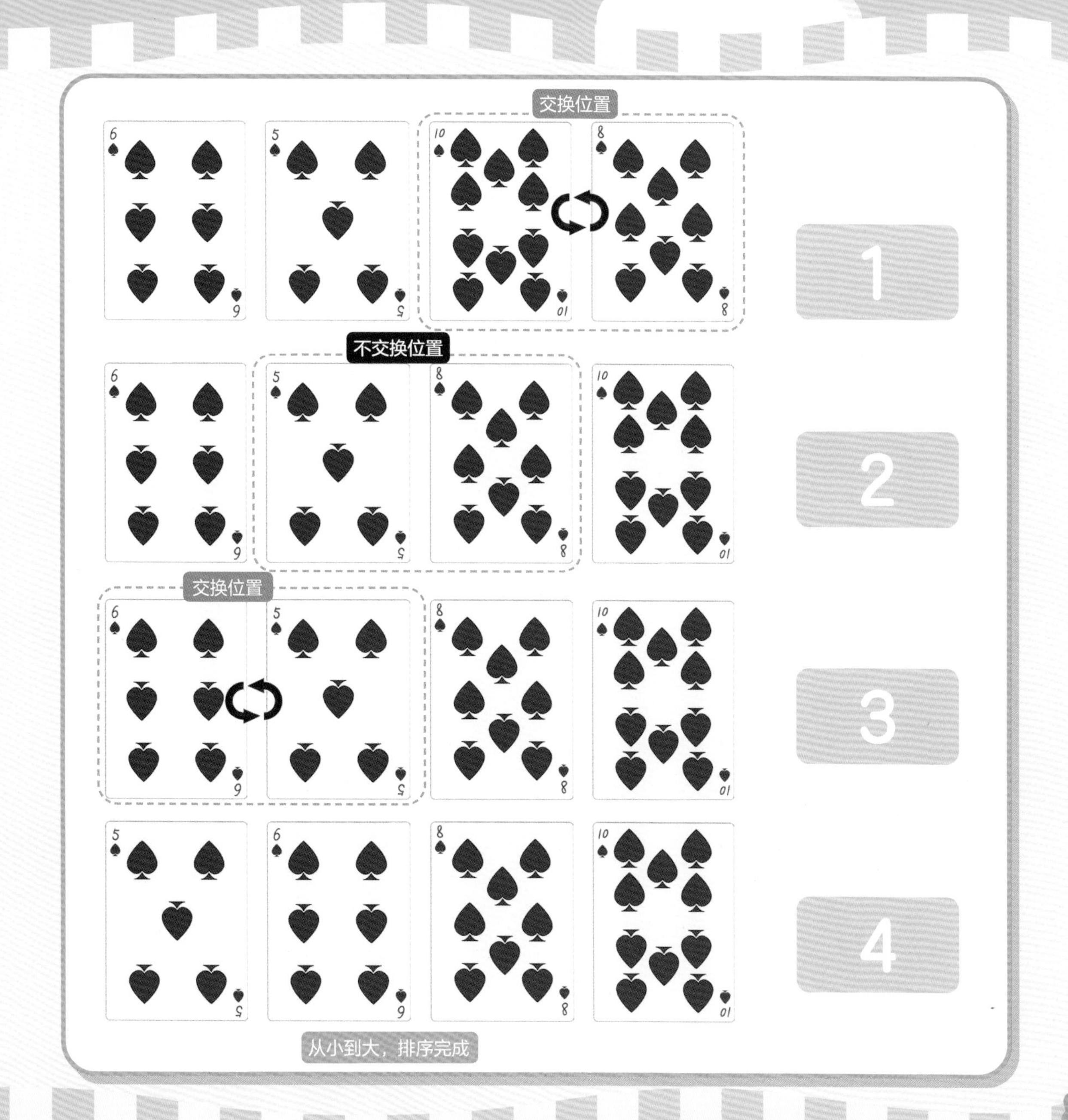
交换位置
1
不交换位置
2
交换位置
3
4
从小到大，排序完成

5 轮船远航

4 艘轮船在大海上航行。它们的前方有 4 座桥，只有符合条件的轮船才能通过桥洞。用贴纸贴出能通过桥洞的轮船，看看哪艘轮船航行得最远吧！

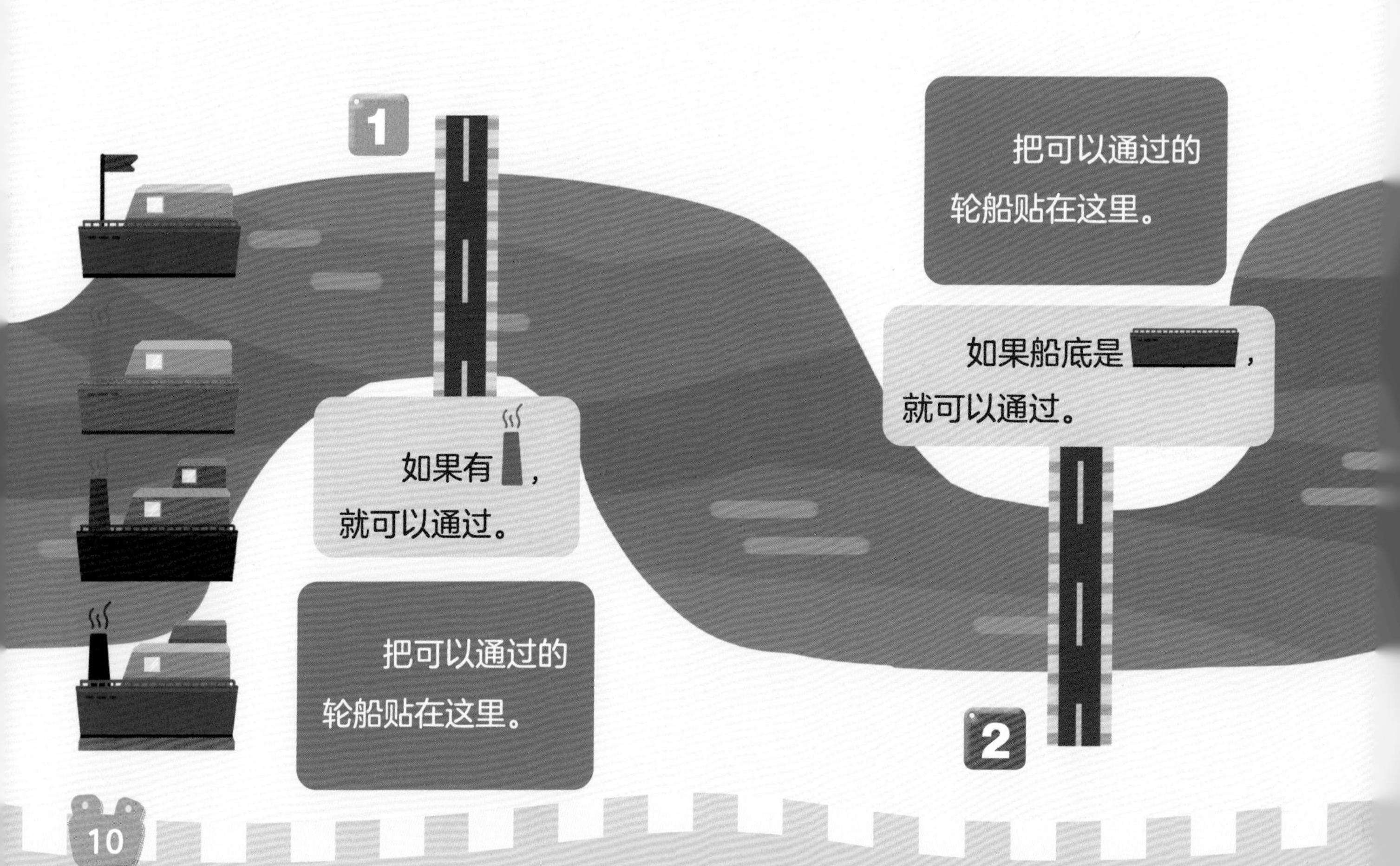

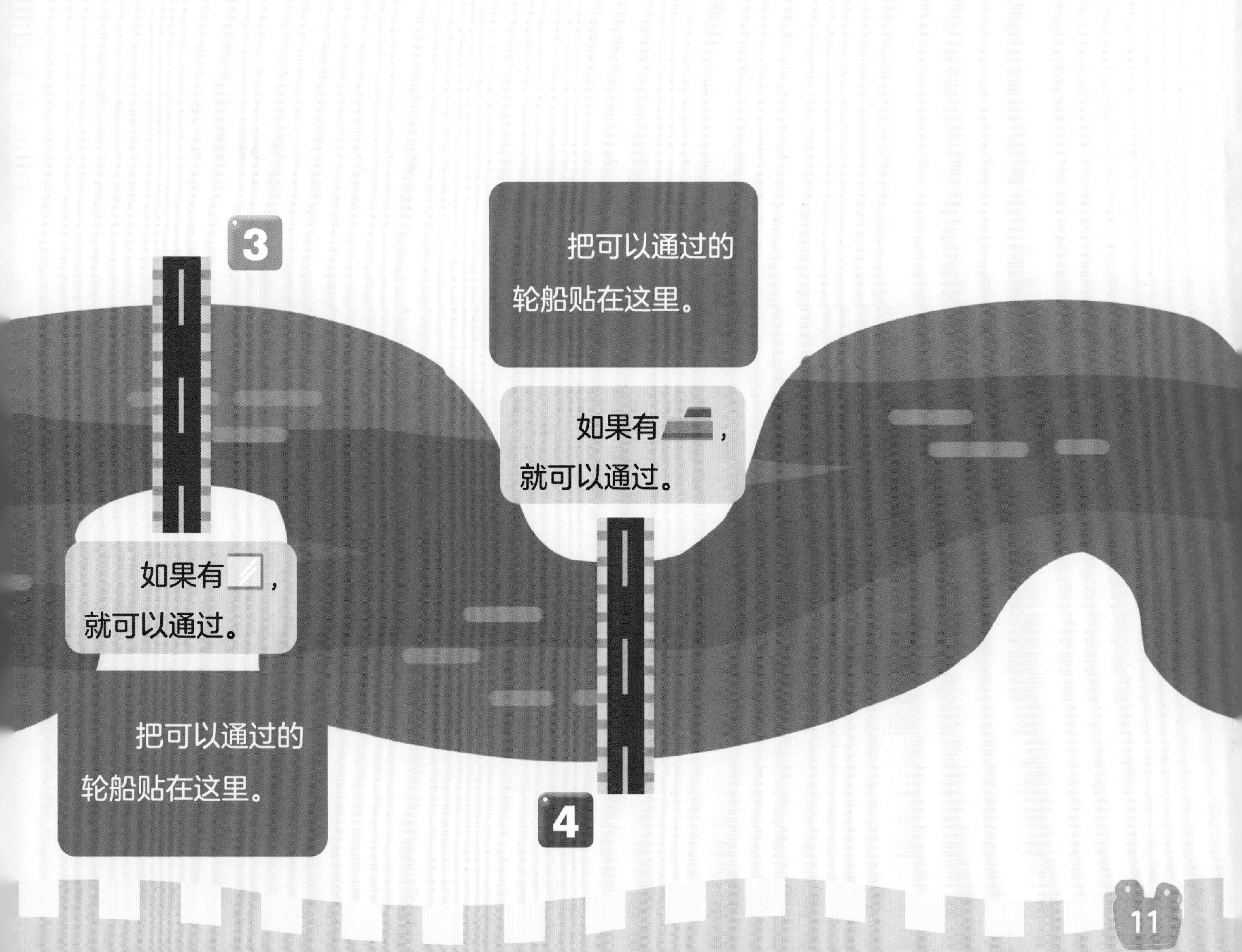
3
把可以通过的
轮船贴在这里。
如果有，
就可以通过。
如果有，
就可以通过。
把可以通过的
轮船贴在这里。
4

嘟当曼和小伙伴们来到游乐园，游乐园的售票处写着购票须知，如下所示：

你能判断出哪些小伙伴可以购买半价门票，哪些小伙伴必须购买全价门票吗？用“YES”（可以买半价门票）和“NO”（不可以买半价门票）贴纸做上标记吧！

共读建议

1. 让孩子读出左图中测量尺上的数字。
2. 让孩子指出可以买半价门票的小伙伴。

逻辑推理

用“逻辑推理”的方法解决问题，需要对已知条件进行观察和分析，并发现它们之间的联系，然后推理出符合逻辑的结果。下表说明了如何运用“逻辑推理”的方法完成本书中的练习。

练习题	发现联系	推理依据	解决问题	思维训练
传统节日	节日与习俗	节日相关物品	辨认节日场景	观察、推理
健康饮食	食物与原料	制作方式和原料	选出适合的食品	关联、判断
谁的脚丫	外形与生活环境	脚部的特点	找到动物的家	联想、比较
噜噜的积木盒	部分与整体	积木的颜色和形状	找出正确的积木盒	观察、比较
飞驰的赛车	路线与距离	途经方格数量	找到最短的路线	实验、判断

1 传统节日

请你仔细观察图片，说一说图中的小伙伴们在庆祝什么节日，你是从哪些细节看出来的？

2 健康饮食

小伙伴们都很羡慕妮妮，她长得漂亮又健康，大家都好奇她平时爱吃什么。

根据妮妮的提示，请你在以上 8 种食物中选出可以多吃的食物，贴上“笑脸”贴纸 ；选出要少吃的食物，贴上“无表情”贴纸 。

小库对坚果类食物过敏，如果误食会引起严重的过敏反应。

请你在上面 8 种食物中选出哪些是小库可以吃的，并在上面贴上“笑脸”贴纸。

3 谁的脚丫

小朋友，你能帮下图中的 4 种小动物找到它们的脚丫吗？试着用线连一连吧。想一想，它们的脚丫有什么特点？为什么？

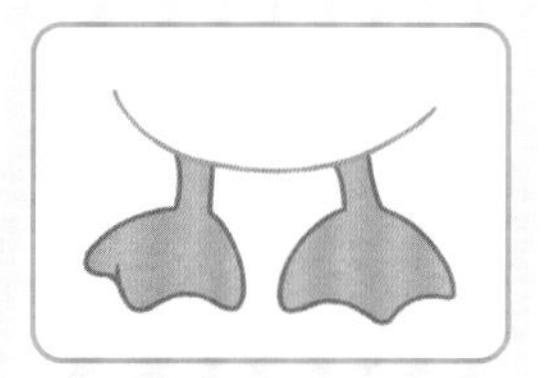
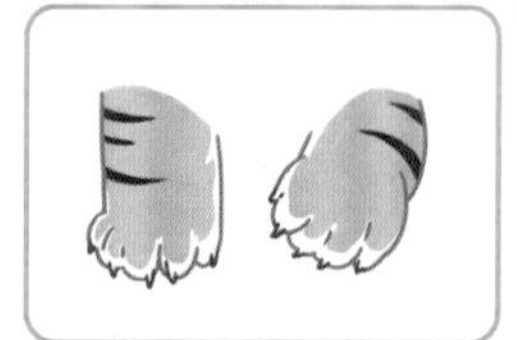
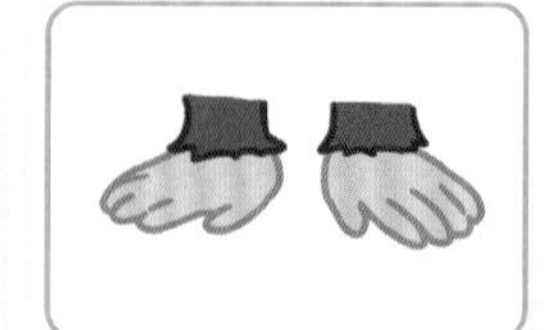

共读建议

1. 让孩子说说自己能认出多少种动物的脚。
2. 和孩子讨论上图中 4 种动物的生活环境及它们脚的特点。通过提问的方式启发联想，例如向孩子提问：生活在水里的动物有哪些？它们的脚是什么样的？
3. 完成连线后，让孩子在第 19 页的丛林图中找出上图中 4 种动物的家，并说一说理由。

鸭子、青蛙、猴子和老虎到底生活在什么地方呢？请你将它们的头像贴在相应的位置上。

噜噜的积木盒

噜噜有很多积木盒。每个积木盒中的积木都能拼出一种小动物。噜噜今天想拼狐狸和兔子，你能告诉他应该选哪个积木盒吗？

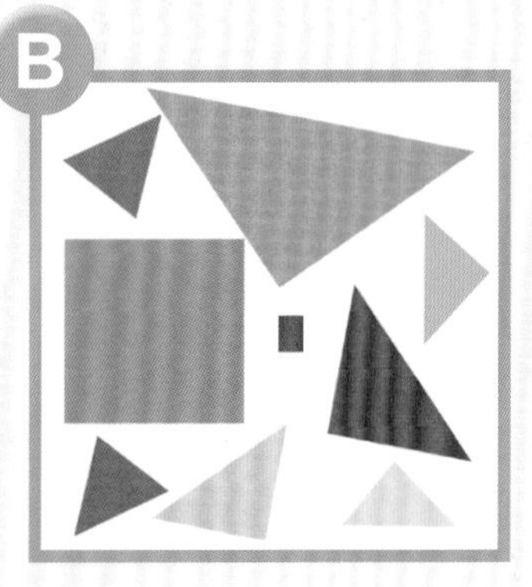

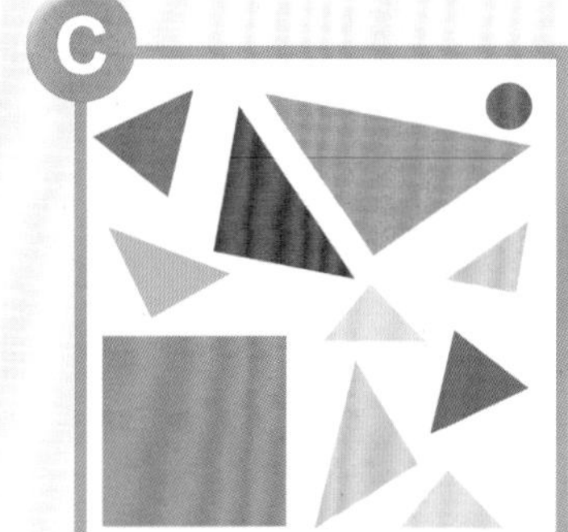

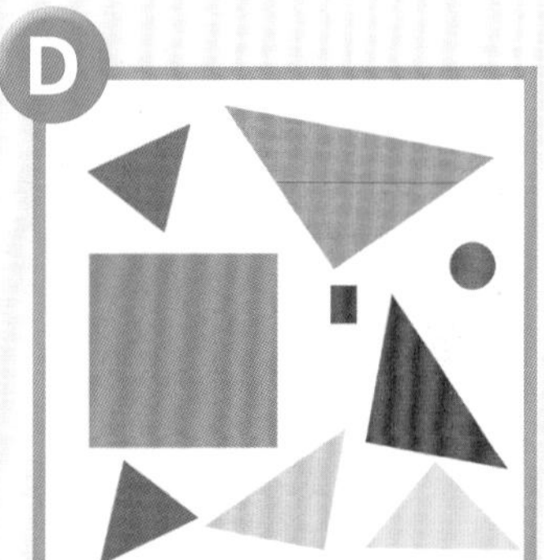

答案：

找到正确的积木盒，然后将积木盒上的英文字母填在答案框中。

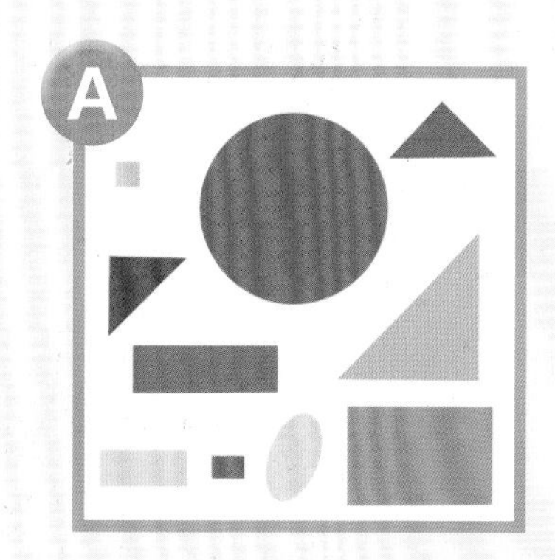

答案：

5 飞驰的赛车

从起点出发，你能找到几条通向终点的路？哪条路是最近的呢？

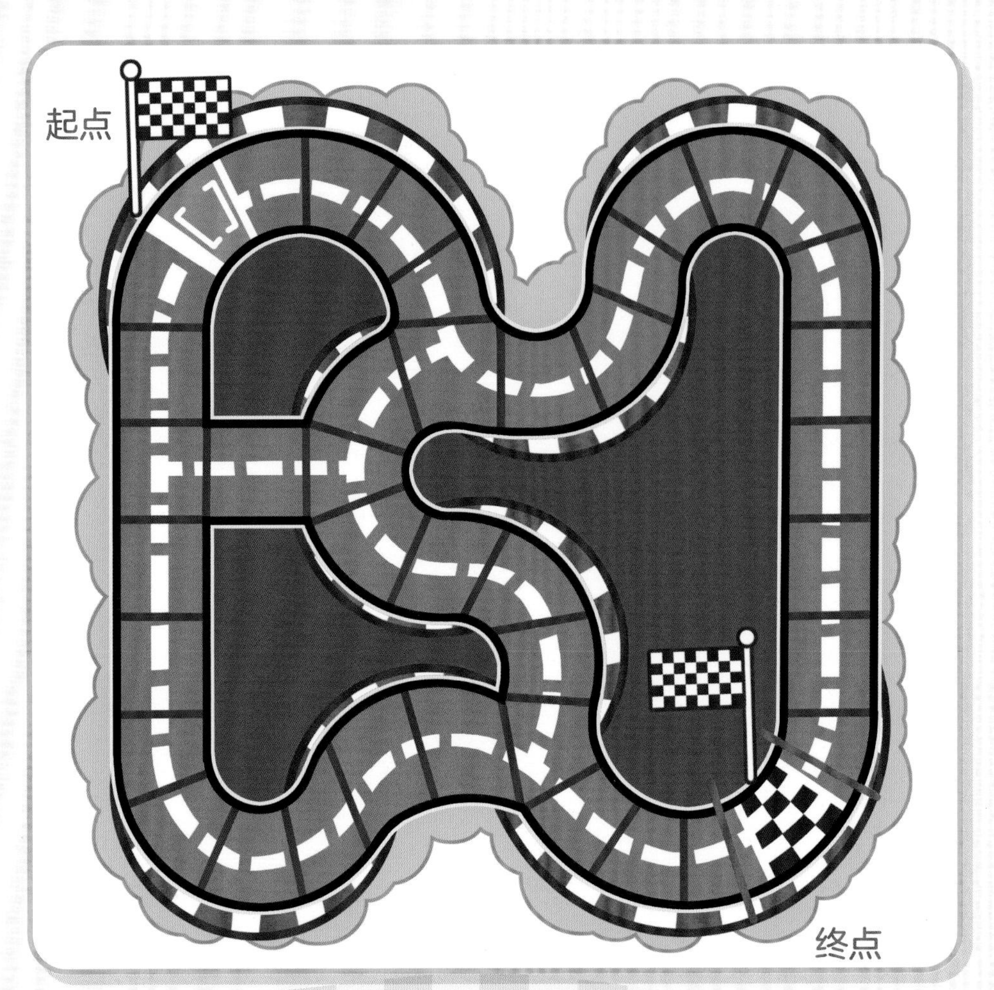

小火箭编程

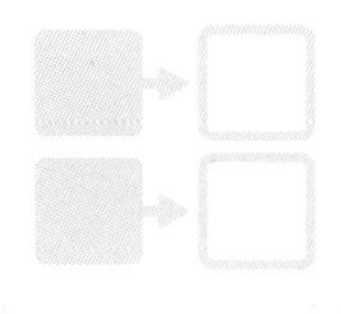

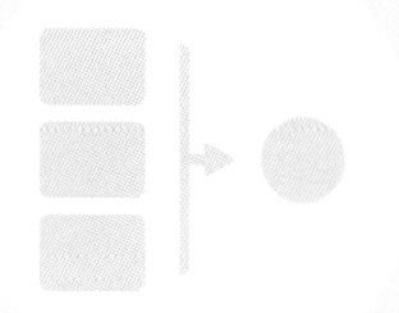

魔术师的帽子真神奇，里面能变出各种各样的东西。呀！嘟当曼居然从魔术帽里变出了一只鸽子！小朋友，你想学神奇的魔法吗？

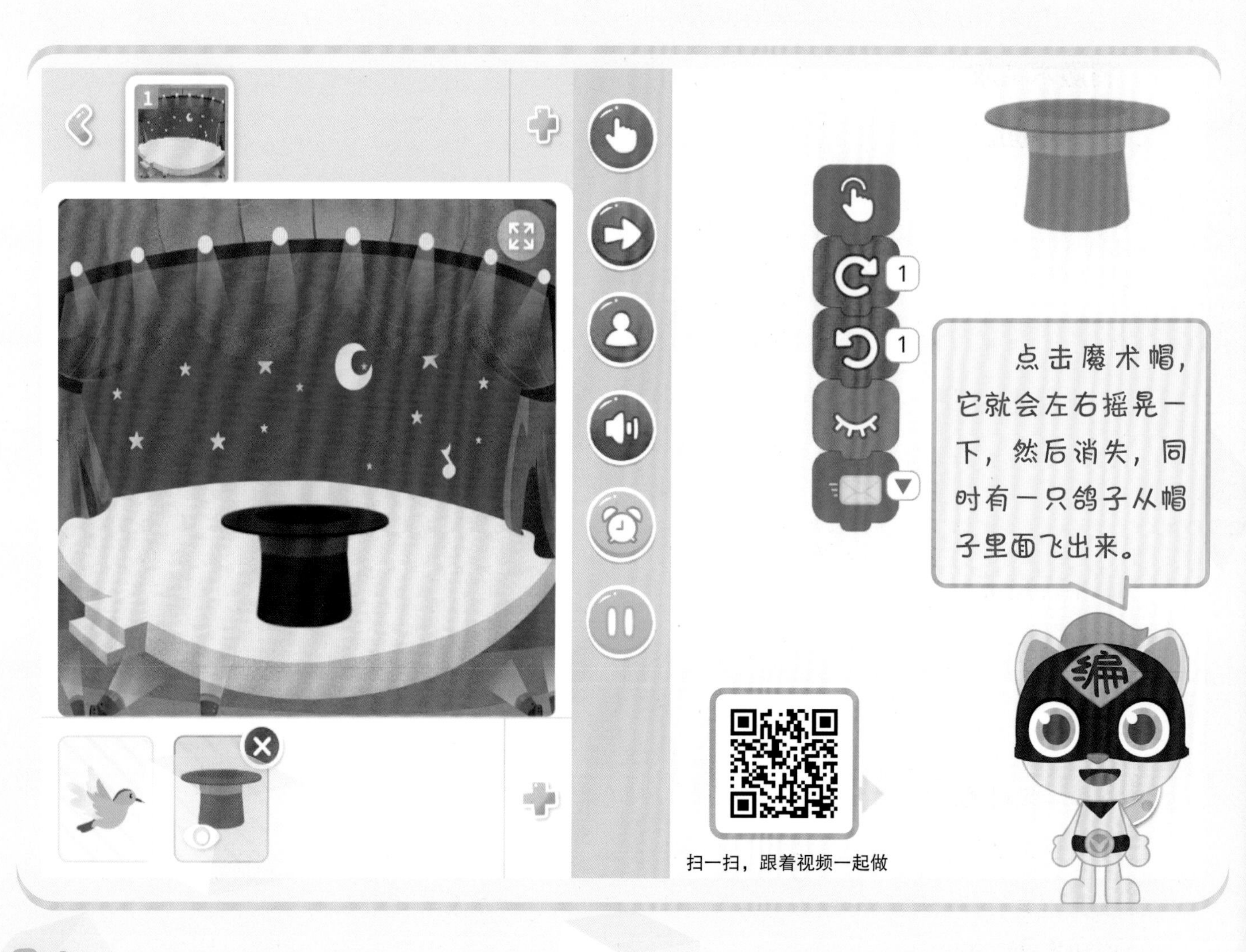

第一步 场景布置

从素材库中添加舞台背景、鸽子和魔术帽，将魔术帽放大，然后将鸽子缩小，并将它藏在魔术帽后面。

第二步 编程学堂

分别为魔术帽和鸽子拼接积木，想一想，魔术帽是怎么“通知”鸽子飞出来的呢？试着用神奇的“消息”积木吧！

共读建议

1. 扫描二维码观看教学视频。
2. 在手机或平板电脑上下载“小火箭幼儿编程”App，注册并登录账号。
3. 根据教学视频的步骤进行创作，注意“发送消息”积木和“收到消息”积木的颜色要一致哟！

音乐机器人

音乐太枯燥，音乐机器人帮你加点儿料。小朋友，试着拼接积木，制作一个既能播放音乐，又能跳舞的机器人吧！

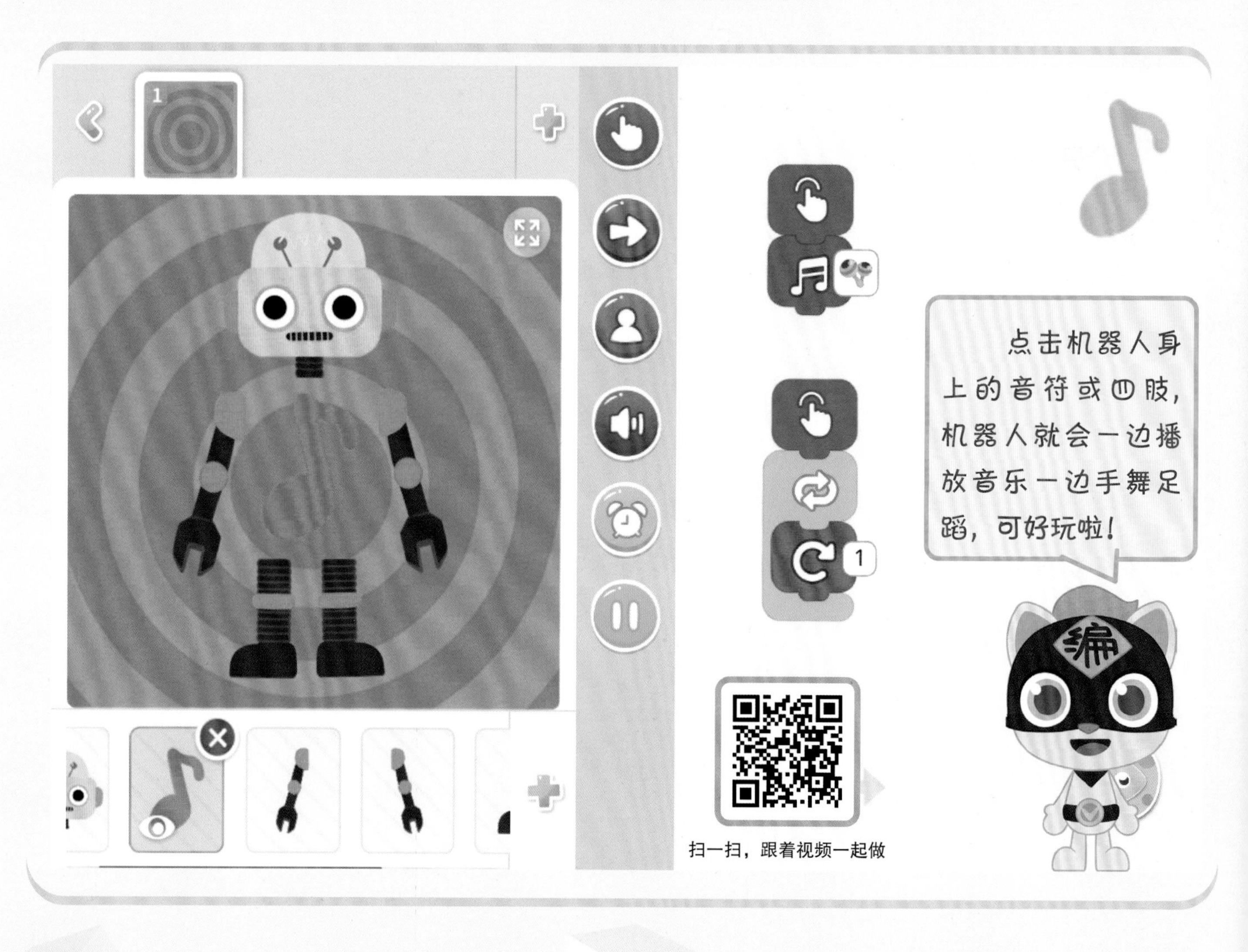

第一步

场景布置

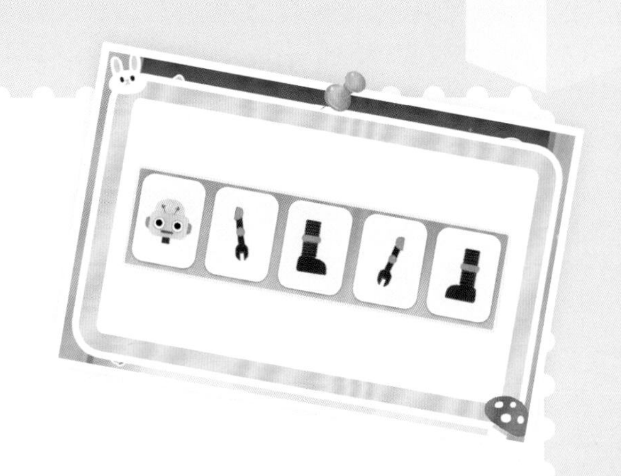

首先替换背景，然后从素材库中添加音符图片和机器人身体的组成部位，将它们组成一个完整的音乐机器人。

第二步

编程学堂

分别为音符（机器人的身体）和四肢拼接积木，让它们不仅能播放音乐，还能随着音乐摇摆。你能为它们设计不同的舞蹈动作吗？大胆尝试吧！

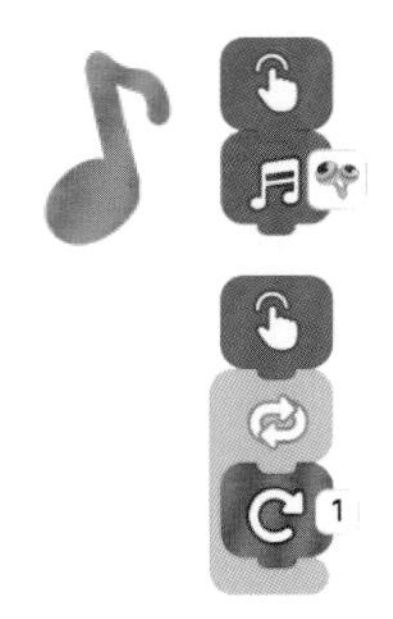

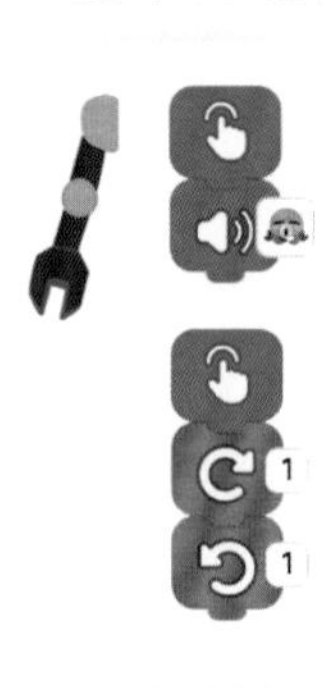

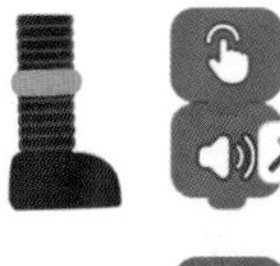

共读建议

1. 扫描二维码观看教学视频。
2. 在手机或平板电脑上下载“小火箭幼儿编程”App，注册并登录账号。
3. 根据教学视频的步骤进行创作，鼓励孩子为机器人的各个部位设计不同的动作，拼接积木后，点击“开始”按钮测试效果。

条件判断

1. 天气预报

第 3 页

2. 最好的心意

第 4 — 5 页

1 号礼物送给嘟当曼，3 号礼物送给噜噜。

3. 地铁出行

第 6 — 7 页

① 从幼儿园地铁站乘坐 1 号线，然后转乘 2 号线到图书馆。

② 从图书馆地铁站乘坐 2 号线，先转乘 1 号线，然后在公园站转乘 5 号线，最后在商场站转乘 6 号线到滑冰场。

其他路线的答案可自由发挥。

5. 轮船远航

第 10 — 11 页

1 2 3 4

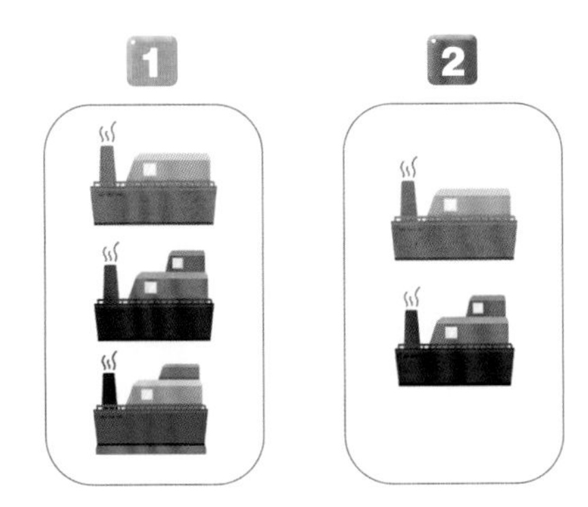

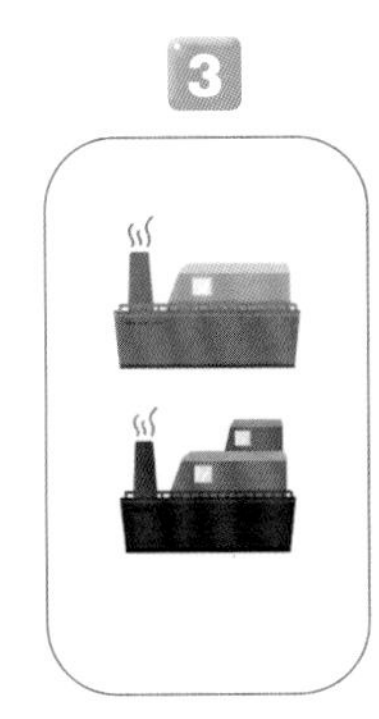

6. 购买优惠门票

第 12 页

单位：cm

逻辑推理

1. 传统节日

第 15 页

1 春节　2 端午节　3 中秋节

2. 健康饮食

第 16 页

糖醋鱼

炸鸡汉堡包

蒜蓉青菜

蛋糕

水果拼盘

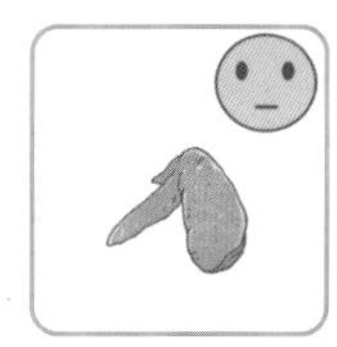
烤鸡翅

巧克力

薯条

第 17 页

凉拌黄瓜

清蒸鲈鱼

白米饭

3. 谁的脚丫

第 18 页

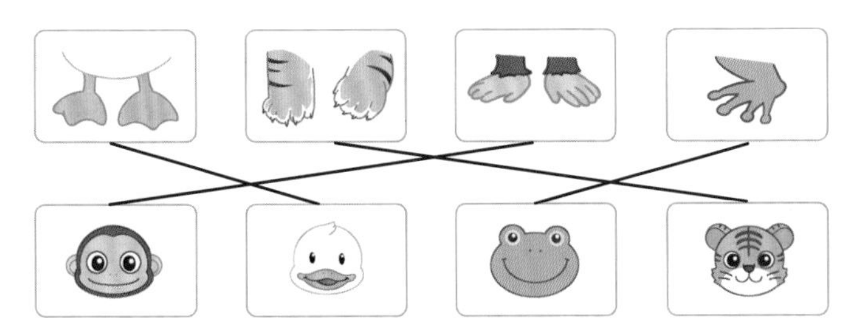

第 19 页

鸭子生活在水中或陆地上；

青蛙生活在水中或近水的地方；

猴子生活在树上；

老虎生活在山林里。

4. 噜噜的积木盒

第 20 页　　　　第 21 页

5. 飞驰的赛车

第 22 页

从起点出发，共有 6 条通向终点的路。蓝色线标示的路最近。

图书在版编目（CIP）数据

编程思维训练.②/编程猫编绘.—南宁：接力出版社，2020.12
(给孩子的万物编程书．嘟当曼玩转编程)
ISBN 978-7-5448-6310-0

Ⅰ.①编… Ⅱ.①编… Ⅲ.①程序设计－儿童读物 Ⅳ.①TP311.1－49

中国版本图书馆CIP数据核字(2020)第204348号

责任编辑：陈潇潇　　美术编辑：王　辉
责任校对：杨　艳　　责任监印：史　敬
社长：黄　俭　　总编辑：白　冰
出版发行：接力出版社　　社址：广西南宁市园湖南路9号　　邮编：530022
电话：010-65546561（发行部）　　传真：010-65545210（发行部）
http://www.jielibj.com　　E-mail:jieli@jielibook.com
经销：新华书店　　印制：北京华联印刷有限公司
开本：889毫米×1194毫米　1/20　　印张：2　　字数：30千字
版次：2020年12月第1版　　印次：2020年12月第1次印刷
定价：21.50元